DE LA NÉCESSITÉ DE LA CRÉATION

D'UNE GRANDE ÉCOLE

DE

CHIMIE PRATIQUE ET INDUSTRIELLE

SOUS LE PATRONAGE

De la Société Chimique de Paris

AF396147

PARIS

IMPRIMERIE ET LIBRAIRIE ADMINISTRATIVES

PAUL DUPONT

4 — RUE DU BOULOI, — 4

—

1891

DE LA NÉCESSITÉ DE LA CRÉATION

D'UNE GRANDE ÉCOLE

DE

CHIMIE PRATIQUE ET INDUSTRIELLE

SOUS LE PATRONAGE

De la Société Chimique de Paris

Notre xixᵉ siècle ouvre une ère nouvelle dans l'histoire de l'Humanité : la Science, dans le cours de cette période de cent années qui s'achève, a révolutionné le monde civilisé sous le rapport social, industriel et commercial. Elle est devenue et restera dans l'avenir la *pierre fondamentale* du Progrès et de la Civilisation. Toutes les branches de la Science ont contribué à cette révolution d'ordre économique, si puissante et si féconde dans ses résultats de tous genres ; mais, c'est à la Chimie qu'en revient la part prépondérante d'action.

Génératrice des trois éléments — *Chaleur, Force et Lumière* — qui entretiennent dans l'Univers le mouvement et la vie, la chimie peut être comparée à un de ces immenses et inépuisables réservoirs d'où sortent les fleuves pour répandre avec leurs eaux, sur les diverses régions de la Terre, la fertilité et la fécondité. Grâce à cette science, le Génie humain a pu reculer jusqu'à l'infini les limites de son champ d'activité ; il a soumis à ses volontés les forces aveugles et latentes de la Nature ; réduit le Temps, avec le télégraphe et le téléphone, à une obéissance en quelque sorte passive; conquis l'insondable espace au moyen des ballons à hydrogène; arraché, par l'analyse spectrale, à notre soleil et aux autres astres, le secret de leur âge et de leur constitution. Enfin, la méthode synthétique, par ses merveilleux résultats dans la reproduction de certains principes immédiats créés par l'organisme végétal ou animal (*corps gras, acides des fruits, huiles essentielles, parfums, etc.*), légitime l'ardeur ambitieuse des savants dans la poursuite de la reconstitution des composés propres à notre alimentation elle-même.

Tous ces progrès, dont la plupart constituent autant de bienfaits pour l'Humanité, se sont accomplis dans un court espace de temps et avec une rapidité qui tient vraiment du prodige. Et, la Chimie ne discontinue de marcher comme à pas de géant; chaque jour, pour ainsi dire, on enregistre une découverte nouvelle, soit dans la série des corps simples, soit dans la série des corps organiques. Dans le nombre de ces découvertes, il en existe toujours dont les applications sont plus ou moins immédiates à quelque industrie; et, celle-ci peut se trouver brutalement bouleversée, ruinée même et souvent déplacée par suite de sa transformation radicale. Il est inutile, ce nous semble, d'appuyer par des exemples ou sur des faits les révolutions heureuses et malheureuses que la Chimie a opérées dans les diverses branches de l'industrie française et étrangère. Par suite de cette progression continue de la science chimique, nous avons vu disparaître, avec la fermeture de leurs usines, la prospérité de grandes régions industrielles; certaines nations, tributaires de leurs voisines jusqu'alors, envahir de vive force, à l'aide de leurs produits nouveaux, le commerce international.

En vérité, l'Industrie et le Commerce, dans lesquels résident la force de vitalité, le génie propre, la puissance et l'avenir des nations modernes, se trouvent aujourd'hui sous la dépendance plus ou moins immédiate de la CHIMIE PURE et de sa principale branche, la CHIMIE INDUSTRIELLE. Les savants, les économistes, les grands industriels et les représentants du haut négoce le reconnaissent unanimement; ils ne se font aucune illusion sur la valeur des mesures protectrices douanières; car, ces barrières élevées entre des nations se disputant le marché international avec tous les moyens dont on dispose à notre époque, ne peuvent que conduire la nation qui les emploie à un état d'infériorité. La lutte industrielle et commerciale qui s'est engagée dans le cours de ce siècle entre tous les peuples de l'ancien et du nouveau monde se poursuit et continuera de se poursuivre avec une ardeur toujours croissante; elle emprunte et elle empruntera ses forces défensives et offensives à la Science chimique et surtout à la Chimie industrielle. La suprême et décisive victoire doit rester aux seules nations qui accorderont tous leurs efforts et leur constante sollicitude à l'enseignement de la *Chimie générale* et au développement des progrès de la *Chimie industrielle*.

$$* \atop * \, *$$

Durant des siècles, la France, avec une incomparable puissance d'énergie productive, a disputé à l'Angleterre qui prétendait l'accaparer, le monopole du commerce du monde entier. Aujourd'hui, les deux grandes rivales se trouvent engagées dans une mêlée générale, aux prises avec leurs tributaires de la veille. Dans cette lutte toute pacifique mais aux conséquences plus ruineuses que la plus désastreuse des guerres, notre pays doit déployer toutes les ressources de son infatigable génie; accroître les richesses agricoles et minières de son sol ; multiplier à l'infini et perfectionner sans cesse les productions de son industrie, à l'aide de la Chimie industrielle, que nous devons cultiver, comme un *bien propre*, au prix de tous les sacrifices.

La chimie (du grec χημεια), restée insaisissable pour les alchimistes du Moyen-Age aussi bien que pour les anciens prêtres de Brahma et d'Osiris, qui la considéraient comme la *Science sacrée*, source unique et inépuisable de toutes richesses, est une Science éminemment française. Son créateur incontesté est notre grand

Lavoisier, dont le puissant génie a balayé les derniers errements de l'Alchimie, renversé la théorie du phlogistique et jeté du même coup les bases fondamentales d'une science toute nouvelle. La décomposition de l'air et celle de l'eau, la théorie de la combustion et de la respiration, la distinction des corps pondérables et des fluides impondérables, la séparation des premiers en corps simples et en corps composés, en un mot toutes les grandes découvertes par lesquelles Lavoisier a révolutionné et régénéré la Chimie ont été faites en moins de quinze ans. Son fameux mémoire de 1787 : *Sur la nécessité de réformer et de perfectionner la nomenclature de la chimie* en collaboration avec Guyton-Morveau, Berthollet et Fourcroy, peut être regardé comme la véritable charte de la Chimie moderne.

Quelques années plus tard, en pleine tourmente révolutionnaire, alors que l'Europe coalisée se ruait sur toutes nos frontières, Monge et les illustres collaborateurs de Lavoisier, rivalisant de patriotisme sous la pression de l'impérieuse nécessité, créaient la *Chimie industrielle*. A la voix de la patrie éplorée, ces savants fournirent à la France, au moyen de cette science, les produits qui lui manquaient absolument : *cuivre, acier, plomb, salpêtre, graphite, cuirs, etc., etc.;* ces produits si divers naissaient en quelque sorte au gré des besoins. Emerveillée de ces résultats et pénétrée de l'immense rôle réservé à une pareille science à toutes les périodes de l'existence des Sociétés nouvelles, la Convention, à l'instigation de Carnot, de Prieur (de la Côte-d'Or) et de Fourcroy, décréta, le 11 mars 1794, la création d'une *École centrale des Travaux publics*. Sur le rapport de Fourcroy, la loi d'organisation de cette École qui s'appela, lors de son ouverture, *École polytechnique*, fut adoptée sans aucune opposition, le 7 vendémiaire an III (28 *septembre* 1794). Napoléon, premier consul et empereur, ne discontinua de favoriser par de hautes primes d'encouragement, par des dignités officielles et par des titres honorifiques, les sciences chimiques et leurs applications à l'Industrie nationale. Aussi, dans les premières années de ce siècle, des découvertes non moins scientifiques qu'utiles se succédèrent les unes aux autres ; elles furent l'œuvre des Gay-

Lussac, des Biot, des Thénard, des Vauquelin, des Becquerel des Courtois, des Bussy, entre tant d'autres qui s'honorèrent, comme d'un titre de gloire, de travailler au développement de l'industrie de leur patrie, en servant de guide sûr aux industriels et aux commerçants. Ce noble exemple traçait la ligne de conduite de tous leurs continuateurs; malheureusement, la plupart des savants de notre époque, par l'idée la plus erronnée de la dignité de l'homme de science, se confinent dans la voie des pures abstractions et se font un point d'honneur de s'interdire les découvertes pouvant être utiles à leur pays et à leurs semblables.

Sous la vigoureuse et féconde impulsion de la Chimie industrielle, l'ancienne industrie française se transforme, se perfectionne et s'accroît considérablement ; des usines et des fabriques s'élèvent partout en France, où des villes manufacturières importantes comme Roubaix et Tourcoing se créent comme par enchantement. Et, après cinquante années de progrès continus et de prospérité toujours croissante, notre industrie vient affirmer, dans les premières grandes Expositions internationales de Londres et de Paris, son incontestable supériorité, par la variété infinie de ses produits et par la haute valeur de ses procédés de fabrication. Ces grandes victoires nous donnaient le droit de prétendre à de nouveaux succès aussi brillants. Il faut avoir le courage de l'avouer, nous avons tous été trompés dans notre attente. Pendant ces trente dernières années, l'Angleterre et surtout l'Allemagne parmi les nations européennes, nous ont livré ainsi que les États-Unis d'Amérique une lutte sans trève ni merci pour atteindre notre perfection industrielle et frapper du même coup notre commerce général. Dans la poursuite de ce but, ces nations ont fait un immense effort, montré une patience sans bornes et dépensé des centaines de millions; tout en développant dans la plus large mesure leur enseignement professionnel, elles se sont adonnées avec un acharnement tout particulier à l'étude des sciences chimiques. Actuellement, les nombreuses découvertes de la chimie organique surtout et leurs multiples applications ont créé pour nos rivaux des industries nouvelles et des produits nouveaux qui constituent autant de sources de richesses.

Et c'est avec des chimistes aussi éminents que Chevreul, Dumas, Sainte-Claire-Deville, Fremy, Cahours, Wurtz et Berthelot, le créateur de ces deux branches si fécondes de la science, — *la thermo-chimie et la synthèse organique*, — que la France s'est laissé devancer ; elle se trouve placée aujourd'hui, vis-à-vis des nations voisines et rivales, dans un *état d'infériorité relative*.

Les relevés de nos Douanes et les tableaux de notre Commerce général d'importation et d'exportation indiquent aux moins clairvoyants la pénétration toujours croissante sur notre marché des produits de fabrication étrangère. Ceux-ci, pour la plupart, relèvent par leur mode de fabrication ou de préparation de la Chimie industrielle. Ces faits ne prouvent-ils pas jusqu'à l'évidence que la cause principale de l'infériorité et du malaise actuels de notre industrie, réside en grande partie dans la situation faite en France à la *Chimie industrielle*.

Répudiée, sinon dédaignée, par nos grands corps savants, étrangère en quelque sorte à notre enseignement universitaire, cette science, qui a contribué au salut de la patrie à l'heure du péril suprême, végète dans quelques rares écoles, au milieu de l'indifférence générale. Cependant nos industriels, de plus en plus menacés par la concurrence étrangère, continuent de lutter en s'imposant vainement des sacrifices de tout genre ; ils ont recours à la *Science officielle* qui leur répond :

« *Adressez-vous à des chimistes industriels; et, si vous n'en possédez point, il faut vous les créer.* »

Cette réponse, la seule qui soit possible et vraie, a le mérite d'établir nettement la situation respective des parties en présence. L'État qui a reculé devant la lourde responsabilité du monopole de l'enseignement supérieur en autorisant l'existence des Facultés et des Universités libres, peut-il jamais devenir le directeur ou le tuteur officiel de l'Industrie et du Commerce de la France ?

L'établissement d'un pareil état de choses ne manquerait pas d'entraîner la paralysie générale de toute l'industrie nationale

, ruine du commerce extérieur. Le véritable rôle de l'État est d'assurer à tous, industriels et commerçants, la sécurité dans la production et les échanges, l'exécution des traités internationaux et la protection sur tous les points du globe. C'est dans la possession d'une liberté d'action en quelque sorte illimitée que l'Industrie puisera sa vitalité et régénérera ses forces de production et de résistance ; le développement et l'expansion du commerce exigent cette même indépendance. Il appartient donc aux intéressés de rompre enfin avec des traditions ou des errements d'un autre âge ; de se garantir eux-mêmes contre les éventualités du présent et du lendemain ; de s'associer enfin pour la conservation du patrimoine commun, « *l'Industrie nationale* ». Ainsi donc, les représentants de l'Industrie et du haut négoce doivent se préoccuper de former des chimistes susceptibles, par leurs études théoriques et surtout pratiques, de prendre sur l'heure la direction d'une usine ou d'une manufacture quelconques. Ces précieux auxiliaires ne peuvent être fournis par aucune de nos grandes Écoles.

*
* *

L'École polytechnique qui a, dès son origine, par suite des nécessités du temps, dévié de son but primordial, est toujours restée une école de sciences théoriques. A leur sortie, ses élèves, chacun le sait, sont versés dans diverses écoles d'application où ils reçoivent l'instruction pratique spéciale nécessaire à la poursuite de leur carrière officielle. Les quelques rares démissionnaires qui se consacrent à l'industrie, ne sauraient entrer en ligne de compte.

Le Conservatoire des Arts et Métiers complète son organisation par un enseignement où la Chimie industrielle tient, à vrai dire, une certaine place. Mais les cours, si intéressants qu'ils soient, portent en eux le vice originel de tout enseignement exclusivement oral.

L'École centrale des Arts et Manufactures doit sa création à l'initiative privée ; ses fondateurs, parmi lesquels nous citerons Dumas et Perdonnet, avaient conscience, à cette époque déjà lointaine où les applications de l'industrie métallurgique transformaient le régime économique de toutes les nations, du besoin qu'aurait la France d'avoir à sa disposition une véritable armée de jeunes ingénieurs. Le but patriotique qu'ils ont poursuivi a été pleinement rempli, grâce au concours empressé de nos grands industriels ; et, les résultats donnés par l'École ont dépassé toutes les prévisions. Pour créer notre immense réseau de voies ferrées, pour transformer notre flotte marchande et enfin pour toutes les autres applications quelconques de la sidérurgie, la France n'a pas eu besoin de faire appel à des ingénieurs étrangers. Aujourd'hui, l'École Centrale, en pleine prospérité, est devenue en quelque sorte la rivale de l'École polytechnique.

C'est assez dire que l'enseignement de cette École est également théorique ; ses élèves, pendant leurs trois années de cours, reçoivent tous le même enseignement qui comporte, il est vrai, un côté pratique général, mais non spécial à telle ou telle science et très limité d'ailleurs. L'examen de sortie étant le même pour tous, le brevet d'ingénieur délivré avec des spécialisations différentes (*ingénieur mécanicien, ingénieur constructeur, ingénieur chimiste, etc.*) est une pure fiction scolaire. L'instruction, sinon le mérite, de tous ces jeunes ingénieurs brevetés est la même, assez solide et assez variée pour permettre à chacun de se spécialiser suivant ses aptitudes. Mais l'École Centrale des Arts et Manufactures ne saurait avoir la prétention de former des chimistes industriels proprement dits.

L'École de Pharmacie est la seule où l'enseignement de la Chimie, au double point de vue théorique et pratique, existe d'une façon sérieuse. Mais, cet enseignement est tout spécial, et le futur maître en pharmacie ne reçoit, en ce qui concerne la Chimie industrielle, que des notions générales. Il est vrai d'ajouter que ses études lui permettent mieux qu'à aucun autre de devenir, en peu de temps, un habile chimiste industriel.

Ainsi donc, toutes nos grandes Écoles ne s'occupent que très accessoirement de Chimie industrielle ; elles ne fournissent à notre Industrie nationale qu'un très petit nombre de chimistes, que lui amène une vocation particulière ou l'espoir d'une fortune rapide.

Les chimistes industriels sont devenus à notre époque indispensables dans tous les genres d'industrie ; sans leur concours, la France ne saurait regagner le terrain perdu, ni reprendre, sur le marché international, sinon le premier rang, du moins la place qu'elle avait jusqu'alors occupée. Le cri d'alarme jeté par nos industriels a été entendu du pays : l'inquiétude de l'avenir se généralise, en donnant naissance à un mouvement d'évolution, même dans les régions officielles, vers les études de chimie pratique. Dans un récent discours, M. Armand Gauthier, président de la Société chimique de Paris, s'exprimait ainsi en s'adressant à nos grands industriels :

« Avec vous, nous essayerons de causer de vos besoins, de vos désirs, de vos inquiétudes même ; car, ne l'oubliez pas, l'industrie française serait bien routinière et bien près d'être débordée par les industries étrangères si elle n'était pas, jusque dans ses entrailles, fécondée, renouvelée par la science. »

Ces craintes, exprimées par l'éminent professeur de la Faculté de Médecine, avaient été senties depuis longtemps déjà. En présence de l'imminente concurrence de l'étranger et de l'impossibilité de recruter dans nos Écoles des chimistes spéciaux, de grandes Sociétés industrielles, entre autres la Société Cail, tentèrent de former sur place, dans leurs usines, les chimistes dont elles pouvaient avoir besoin.

D'autre part, quelques-uns de nos grands centres industriels, si cruellement éprouvés, dans ces dernières années, par l'invasion des produits de fabrication étrangère, ont enfin compris la nécessité de défendre leur industrie particulière au moyen de la Chimie industrielle. C'est ainsi que nous relevons l'existence : à Lyon, de l'*École Lamartinière*, exclusivement consacrée à l'étude des applications de la chimie à l'industrie des soies ; à Tourcoing et à Elbeuf, d'écoles analogues en ce qui concerne la fabrication et la teinture des draps et des autres tissus de laine.

Disons, enfin, que le Conseil municipal de Paris a créé récemment une « *École municipale de physique et de chimie industrielles* », installée rue Lhomond. C'est là, assurément, un essai louable et d'autant plus sérieux que cette École est placée sous la direction du professeur Schutzenberger dont l'autorité scientifique et la haute valeur administrative sont des gages de succès pour cet Institut. Mais, dans cette École, on enseigne aux élèves la chimie, la physique et les mathématiques, plutôt que la chimie industrielle proprement dite ; on y forme, en réalité, des chimistes de laboratoire et non des chimistes pour l'industrie. Néanmoins, il est certain que les tout jeunes gens sortant de l'École de la rue Lhomond possèdent des connaissances scientifiques étendues, et qu'habitués d'autre part, au maniement des appareils, ils se trouvent admirablement préparés à l'étude approfondie de la Chimie industrielle.

Telle est, en France, la place restreinte qu'occupe la Chimie industrielle tant dans l'enseignement général et professionnel que dans le monde industriel et commercial. Cette branche si féconde de la Science destinée à donner à l'homme le formidable pouvoir de vaincre la matière et de la métamorphoser à son gré, tient une place des plus considérables chez les nations voisines.

En Angleterre, la Société Chimique de Londres subventionne et protège des écoles de Chimie pratique installées dans toutes les grandes villes manufacturières, c'est-à-dire à Liverpool, Manchester, Sheffield, Birmingham, etc.

En Allemagne, la Société Chimique de Berlin, qui compte plus de 3,000 membres, suit avec la plus grande sollicitude les progrès de l'Industrie nationale, qu'elle dirige dans la voie des découvertes et des applications nouvelles. En outre, les Facultés allemandes possèdent des laboratoires très vastes où de nombreux élèves peuvent s'exercer aux manipulations de tous genres, se livrer aux recherches analytiques et synthétiques les plus variées et les plus délicates, etc., etc. Ces Facultés délivrent des diplômes de *docteur en chimie* qui sont une garantie pour l'avenir du chimiste en même temps qu'un gage de sécurité pour l'industriel. D'autre part, les grandes usines, pour assurer leur développement et leur prospérité continue, possèdent quelquefois une centaine de chimistes : les uns sont spécialement chargés d'études purement théoriques et de suivre les progrès de la Science à l'étranger ; les autres poursuivent, chacun dans son laboratoire, l'étude des applications chimiques nouvelles et des procédés nouveaux de fabrication. On comprend aisément qu'avec une organisation semblable, l'Industrie allemande ait fait d'énormes progrès en ces dernières années; c'est ainsi qu'elle est arrivée à monopoliser, en quelque sorte, certains produits dérivant de la série organique, entre autres les sous-produits de la houille. L'École polytechnique de Zurich (Suisse), est encore mieux organisée, au point de vue de l'étude de la chimie pure et appliquée que la plupart des Facultés allemandes. Dans cette École, les élèves ont des laboratoires merveilleusement organisés, où ils complètent leur instruction théorique par des recherches pratiques visant surtout les applications industrielles de la Chimie générale. La durée des études pratiques pour l'obtention du diplôme de chimiste est de trois années et plus.

Au lendemain de la guerre franco-allemande, la première ville industrielle de l'Alsace, Mulhouse, se vit menacée dans sa prospérité et voire même dans son existence par l'invasion des produits de fabrication allemande. Pour résister à ce péril imminent, la Société Industrielle de cette ville créa, en 1872, avec le concours de la municipalité et des grands manufacturiers de la région, une École de chimie pratique. Cette école, dirigée actuellement par le savant M. Nœlting, a pour but « *d'offrir à tous les jeunes gens auxquels la chimie peut être utile, les moyens d'étudier cette science et de leur enseigner les applications aux différentes branches de l'Industrie, à la fabrication des produits chimiques, ainsi qu'au blanchiment, à la teinture et à l'impression des étoffes* ». En 1879, grâce aux subventions d'Industriels de l'Alsace, de la France et de la Russie, cette institution déjà dotée de legs importants, put édifier une École dont l'ins tallation répond à tous les desiderata. (Voir *Pièces annexes*, *note F.*)

L'École de chimie industrielle de Mulhouse prépare des chimistes éminents et recherchés partout ; toutefois, depuis que l'Alsace-Lorraine est courbée sous un régime de fer, depuis que les cours ne sont plus faits en français mais en allemand, elle voit diminuer, chaque année, le nombre des élèves étrangers.

*
* *

Il ressort, de cette étude comparée, que la France doit immédiatement se mettre à la hauteur de ses rivales. C'est là une nécessité impérieuse dont dépendent la conservation de son industrie et le développement de son commerce international.

Nous devons nous inspirer, dans l'état actuel des choses, du patriotisme et de la clairvoyante sollicitude des fondateurs de l'École centrale des Arts et Manufactures. Il y a cinquante ans, notre pays, sous peine de subir une crise économique désastreuse, avait besoin d'une armée d'ingénieurs :

L'initiative privée la lui a donnée.

Aujourd'hui, la situation est à peu près la même : notre industrie est dans un état d'infériorité notoire ; elle court le risque d'être menacée de ruine dans un avenir plus ou moins lointain. Il nous faut, pour conjurer le danger et pour relever notre industrie, une armée, non plus d'ingénieurs, mais de chimistes industriels. L'initiative privée se refusera-t-elle à créer, sous l'égide de la Société chimique de Paris qui l'y invite, une grande École de chimie pratique ? Savants, industriels et commerçants français, nous devons tous associer nos efforts pour la réalisation de cette œuvre.

Notre pays, lorsque survient une catastrophe sur n'importe quel point du globe, n'hésite jamais, dans ses élans de générosité spontanée, à donner aux malheureuses victimes des millions en quelques semaines. Comment pourrions-nous douter de son concours alors qu'il s'agit de défendre nos intérêts vitaux, d'affranchir notre Industrie nationale du tribut payé à l'étranger, et enfin d'assurer à la France, dans l'avenir, d'incalculables bénéfices. Dans cette question, l'intérêt particulier de chacun se trouve engagé en même temps que l'intérêt sacré de la Patrie.

Notre appel sera entendu.

DU CAPITAL NÉCESSAIRE

A LA CRÉATION ET A L'ENTRETIEN

DE

L'ÉCOLE DE CHIMIE PRATIQUE ET INDUSTRIELLE

La création, sous le patronage de la Société chimique de Paris, d'une grande Ecole de Chimie pratique et industrielle, pouvant recevoir en moyenne deux cents élèves, doit être, en raison même des circonstances, étudiée et effectuée sans retard; elle dépend *uniquement* d'une question d'argent. Le capital nécessaire est des plus faciles à trouver; si important qu'il puisse paraître à première vue, il ne demande pour sa constitution, à chacun des nombreux intéressés, qu'un très léger sacrifice. Aux souscriptions des industriels et des commerçants des diverses régions de la France, viendront certainement s'ajouter les dons particuliers et les subventions de tous ceux qui dans notre pays s'empressent d'apporter leur concours moral et matériel à toute œuvre utile et patriotique.

Les dépenses de première installation de cette grande Ecole, de même que son budget ordinaire pour chaque exercice scolaire, se trouvent approximativement établis dans l'exposé financier suivant :

CHAPITRE Ier

DÉPENSES DE PREMIER ÉTABLISSEMEN

1° Aménagement général et installation appropriée des bâtiments d'École (salles d'études, amphithéâtres, bibliothèque, bureaux, logements divers, etc.). — Nous supposons l'École installée dans un très vaste local pris à bail (l'ancien *Mont-de-Piété de la rue Bonaparte, par exemple*)............ 30.000   30.000

2° Acquisition d'une machine à vapeur avec sa chaudière d'alimentation, de 10 à 12 chevaux-vapeur.... .... 15.000   15.000

3° Installation de *sept* laboratoires munis de tous appareils et produits spéciaux ; de force motrice ; de canalisation d'eau, de vapeur et de gaz, etc., etc.

Savoir :

1° Laboratoire de Chimie générale (minérale et organique)................. 10.000

2° Laboratoire spécial de recherches analytiques et synthétiques........... 10.000

3° Laboratoire de chimie industrielle générale............................ 25.000

4° Laboratoire de chimie appliquée aux Arts décoratifs et autres industries spéciales.... .... 10.000

5° Laboratoire de chimie agricole, y compris les produits alimentaires. 15.000

6° Laboratoire de chimie appliquée à la médecine et aux produits de droguerie. 15.000

7° Laboratoire de chimie micrographique et de chimie photographique........ 5.000

} 90.000

A reporter........... 105.000

3

Report....... 105.000

Nota.— Cette dépense de 90,000 francs pour la création des sept laboratoires pourrait se trouver réduite dans de notables proportions, si l'on considère que les « *produits de tous genres, appareils divers, verreries, instruments de précision et autres* » seront en partie gracieusement offerts, en partie acquis dans des conditions exceptionnelles de prix.

4° Création d'un fonds de bibliothèque   10.000   10.000

Total général des dépenses approximatives de premier établissement.....   115.000

CHAPITRE II

EXERCICE SCOLAIRE ANNUEL

A. — *Budget des dépenses.*

I

Frais généraux.

1° Location de l'immeuble............ 50.000

2° Entretien et réparations diverses 2.500

3° Charbon pour machine et consommation diverse........................ 1 500

4° Consommation générale de gaz comme combustible et éclairage................ 8.000

5° Dépenses générales des laboratoires. 10.000

6° Économat (linge, balais, brosses, savons, etc., etc.).................... 3.000

7° Impositions diverses............... 5.000

8° Assurances sur estimation de 200,000f. 2.000

9° Imprévus 5.000

    87.000

A reporter....... 87.000

Report......   87.000

II

Personnel enseignant.

1° *Cinq* professeurs, savoir :

a. Un professeur chargé du cours de chimie générale et des laboratoires de chimie générale, analytique et synthétique........ 5.000

b. Un professeur chargé du cours de chimie pratique et industrielle et des laboratoires de chimie industrielle 5.000

c. Un professeur chargé du cours de chimie appliquée aux arts décoratifs, et du laboratoire........................... 5.000

d. Un professeur de chimie agricole avec direction du laboratoire 4.000

e. Un professeur chargé d'un cours d'hygiène générale, de chimie médicale, pharmaceutique et micrographique et des laboratoires 6 et 7..................... 5.000

19.000

2° *Sept* chefs de laboratoire, maîtres de conférences en même temps, aux appointements annuels de.................... 2.400   16.800

3° Un bibliothécaire-archiviste, secrétaire-rédacteur du Conseil d'administration. 2.400   2.400

III

Personnel administratif.

1° Un directeur chargé de la discipline intérieure de l'École et de la surveillance générale des services de tous genres (à choisir, en raison de leurs rentes acquises

A reporter......   125.200

Report......... 125.200

parmi les officiers retraités.) — Appointe-
ment annuel avec logement............. 4.000

2° Un secrétaire.................... 900

3° Un caissier comptable avec logement. 2.000

4° Un chef surveillant, gardien d'économat et des magasins (*à choisir parmi les
sous-officiers retraités*).................. 1.500

5° 15 garçons de salle et de service (*à
choisir parmi les sergents de ville ou gardes
de Paris, retraités à 900 francs.*) — Appoin-
tement annuel de 1,000 francs. 15.000

6° Une concierge, femme d'un garçon
de salle........................... 400

7° Un chauffeur mécanicien, pouvant être
logé.............................. 2.200

8° Fournitures de bureaux, frais de cor-
respondance, imprimés, etc............. 2.000

28.000

IV

Conseil d'Administration.

Allocation annuelle attribuée au Conseil
d'administration pour dépenses diverses,
jetons de présence, etc................ 2.000   2.000

Total général du budget des dépenses....... 160.200

B. — *Budget des Recettes.*

Dans l'établissement de ce Budget, l'éva-
luation des recettes probables a été ramenée
à un minimum général qui nous paraît de-
voir être accepté sans grande discussion.

I

Revenus directs.

1° Nous supposons CENT élèves, dont *vingt-cinq* boursiers fréquentant l'École dès la première année d'ouverture ; le prix de l'enseignement est fixé au minimum de 900 francs pour l'année scolaire de 9 mois.

75 Élèves externes à..............	900	} 67.500
25 Élèves boursiers	»	

2° 25 manipulateurs et chimistes libres, admis aux cours et dans les divers laboratoires. — Rétribution fixe de 100 francs par mois, soit pour l'année scolaire de 9 mois.. 900 — 22.500

3° Taxe unique et générale de 100 francs par an et par élève pour fournitures de produits, bris d'appareils, accidents divers, etc.

100 taxes de...................... 100 — 10.000

4° Droit fixe sur la délivrance des brevets de chimiste et de certificats d'études ..... » — »

II

Revenus indirects.

1° Analyses et recherches exécutées dans les laboratoires de l'École pour compte des industriels, commerçants et particuliers... 10.000

2° Recettes provenant de la part que se réservera l'École sur les découvertes relatives aux applications de chimie industrielle et sur les perfectionnements de procédés ou d'appareils de fabrication (*les découvertes et perfectionnements susdits, opérés et poursuivis dans les laboratoires de ladite école*).... 5.000

        } 16.000

3° Vente du programme de l'École et du programme des cours............... 1.000

A reporter....... 116.000

Report........   116.000

III

Recettes exceptionnelles,

1° Abandon des jetons de présence par les membres du Conseil d'administration.,   1.000

2° Reliquat des divers chapitres du budget des dépenses.,....,................   5.000

3° Vente d'appareils déclassés, d'ustensiles et objets divers hors d'usage,.......   1.000

4° Divers ,.......................   500

7,500

IV

Recettes imprévues.

a. Subventions des ministères, des villes industrielles et manufacturières et des Sociétés scientifiques diverses............   10.000

b. Subventions, dons et legs privés.....   10,000

20.000

Total général du Budget des recettes pour *la première année d'exercice scolaire*..   143.500

RÉCAPITULATION

COMPTE DE DÉPENSES :

A. Frais de premier établissement et d'installation générale d'une École de chimie pratique et industrielle, à Paris...... 145.000

B. Budget général des dépenses de la première année d'exercice............... 160.200

Total des premières dépenses générales pour la création et le fonctionnement de ladite École.............................. 305.200

COMPTE DE RECETTES :

A'. Budget des recettes de ladite École pendant le cours de sa première année d'exercice........................... 143.500   143.500

Balance par solde débiteur........   161.700

RÉSUMÉ GÉNÉRAL

Ainsi que l'établit cet aperçu financier, sujet à des modifications certaines et néanmoins d'une importance très relative, l'École de Chimie pratique et industrielle pourrait presque, dès la première année de son ouverture, équilibrer son budget et assurer son existence. Elle n'exigerait pour sa création qu'un premier capital de 160,000 francs ou mieux de 200,000 francs.

Mais lorsqu'il s'agit d'une œuvre utile, patriotique et féconde dans tous ses résultats, il est de sage prévoyance et de toute nécessité d'assurer en même temps que l'existence présente, l'avenir prospère de l'œuvre. Aussi, en faisant un appel pressant à tous, nous croyons pouvoir demander pour cette grande École une première et dernière dotation de 500,000 francs. Ce capital pourra être représenté par 500 parts de fondateur, et chacune de ces parts de 1,000 francs pourrait être subdivisée en 10 dixièmes de part ; de la sorte, chaque souscripteur de 100 francs aura droit à un dixième de part.

Après plusieurs années d'existence, l'École possédera sans aucun doute ses 200 élèves et elle balancera son budget annuel par un excédent de recettes. Son conseil d'administration pourra accorder alors aux fondateurs 30 0/0 des bénéfices et attribuer les autres 70 0/0 à la caisse de réserve et à toutes améliorations, visant l'enseignement général, le bien-être des élèves, la situation des professeurs et du personnel, etc. En attendant, l'École ne cessera de fournir à notre Industrie nationale et à notre Commerce général les chimistes qui leur sont indispensables pour ne point succomber dans la lutte commerciale si âpre que se livrent les divers peuples, sur tous les points de l'Univers.

Et, lorsque notre Institution aura acquis avec son plein développement la suprématie que nous lui souhaitons, nous tous premiers Fondateurs, nous nous réunirons à ses Élèves pour la plupart devenus des maîtres, pour nous réjouir d'avoir doté notre chère France d'une magnifique et incomparable École de Chimie pratique et industrielle.

APPENDICE

Note A.

—

ÉCOLE CENTRALE DES ARTS ET MANUFACTURES

———

ARRÊTÉ MINISTÉRIEL

Du 24 mai 1862

Concernant l'École centrale.

———

Le Ministre secrétaire d'État au département de l'agriculture, du commerce et des travaux publics,

Vu la loi du 19 juin 1857, en vertu de laquelle l'École Centrale des arts et manufactures est devenue établissement de l'État ;

Vu l'avis de la Commission chargée de préparer le règlement de l'École ;

Sur le rapport du conseiller d'État, secrétaire général,

Arrête :

TITRE Ier.

Institution de l'École.

ARTICLE PREMIER.

L'École Centrale des arts et manufactures, devenue établissement de l'État en vertu de la loi du 19 juin 1857, prend le titre d'École impériale Centrale des arts et manufactures.

Elle est placée dans les attributions et sous l'autorité directe du Ministère de l'agriculture, du commerce et des travaux publics.

ART. 2.

Elle demeure spécialement destinée à former des ingénieurs pour toutes les branches de l'industrie et pour les travaux et services publics dont la direction n'appartient pas nécessairement aux ingénieurs de l'État.

Art. .

Des *diplômes d'ingénieur des arts et manufactures* sont délivrés chaque année, par le Ministre de l'agriculture, du commerce et des travaux publics, aux élèves désignés par le Conseil de l'École réuni en session extraordinaire (art. 36), comme ayant satisfait d'une manière complète à toutes les épreuves du concours.

Des *certificats de capacité* sont également délivrés par le Ministre, sur la désignation du Conseil, à ceux des candidats qui, n'ayant satisfait que partiellement aux épreuves du concours, ont néanmoins justifié de connaissances suffisantes sur les points les plus importants de l'enseignement.

Ne sont reconnus comme anciens élèves que ceux qui ont obtenu le diplôme ou le certificat de capacité.

Art. 4.

L'École admet les étrangers aux mêmes conditions que les nationaux.

Elle ne reçoit que des élèves externes.

Les élèves ne portent aucun uniforme ni aucun autre signe distinctif.

Art. 5.

Le prix de l'enseignement, y compris les frais de manipulations, est exigible en trois termes, et fixé ainsi qu'il suit (Arrêté ministériel du 13 octobre 1883) :

	1re année	2e année	3e année
La veille de l'ouverture des cours. . Fr.	450	500	500
Le 1er février.	225	250	250
Le 1er mai.	225	250	250

En outre, il sera perçu, pour le concours de sortie des Études de 3e année, un droit de concours de 100 francs. Une somme de 50 fr. sera remboursée aux Élèves n'ayant pas obtenu le diplôme.

Toute somme versée, autre que le droit de concours, demeure acquise à l'établissement.

Les frais que nécessitent les travaux graphiques et les fournitures de bureaux sont à la charge des élèves.

Art. 6.

Des subventions peuvent être accordées par l'État, dans la limite des ressources inscrites annuellement au budget du Ministère de l'agriculture, du commerce et des travaux publics, aux élèves qui ont subi avec distinction les examens d'admission à l'École ou les épreuves de passage d'une division à une division supérieure, et qui, en même temps, justifient de l'insuffisance de leurs ressources ou de celles de leurs familles pour subvenir au payement total ou partiel du prix de l'enseignement et à leur entretien à Paris.

Ces subventions ne sont accordées que pour un an ; elles peuvent être continuées ou même augmentées en faveur des élèves qui s'en rendent dignes par leur conduite et par leurs progrès ; elles peuvent se cumuler avec les allocations accordées aux élèves par les départements ou par les communes.

Art. 7.

Lorsque, dans le cours d'une année d'études et par suite de circonstances imprévues, des élèves se trouvent hors d'état de payer le complément du prix de l'enseignement, le Ministre peut, sur la proposition du directeur et l'avis du Conseil de l'École et par des décisions spéciales, les dispenser exceptionnellement de ce payement.

Art. 8.

Le montant des subventions accordées aux élèves par l'État, les départements ou les communes est versé à la caisse de l'École au moyen d'un mandat ordonnancé au nom de l'agent comptable, qui en donne quittance.

Les sommes destinées à l'entretien des élèves sont remises aux ayants-droit sur un mandat du directeur.

TITRE II

Mode et conditions d'admission des Élèves.

Art. 9.

Nul n'est admis à l'École Centrale des arts et manufactures que par voie de concours. Les examens sont gratuits.

Le concours est public en ce qui concerne l'examen oral ; il a lieu tous les ans. Le programme des connaissances exigées est publié une année à l'avance.

Art. 10.

Le jury de concours se compose comme suit :
Un membre du Conseil de l'École, président ;
Deux examinateurs au moins pour les sciences, et quatre au plus, suivant les besoins présumés ;
Un examinateur pour le dessin linéaire ;
Le sous-directeur des études, secrétaire ;

Deux examinateurs suppléants pour les sciences et un pour le dessin linéaire peuvent être adjoints aux examinateurs titulaires, pour remplacer ceux-ci en cas d'absence ou de maladie pendant le concours.

Le président du jury est désigné chaque année par le Ministre, sur la présentation du Conseil de l'École et l'avis du directeur.

Les examinateurs sont également nommés chaque année par le Ministre, sur une liste de deux candidats, dressée pour chaque nomination à faire par le Conseil de l'École.

Les examinateurs pour les sciences sont nécessairement choisis parmi les professeurs ou les répétiteurs attachés à l'École ou à des établissements du gouvernement, à l'exclusion de ceux qui préparent des candidats dans des institutions particulières.

Art. 11.

Nul ne peut être admis au concours s'il n'a préalablement justifié qu'il était âgé de plus de dix-sept-ans au 1er janvier de l'année dans laquelle il se présente.

Art. 12.

Les candidats, en se faisant inscrire pour le concours, doivent produire un certificat de vaccine et un certificat de moralité délivré par le chef de l'établissement dans lequel ils ont accompli leur dernière année d'études, ou à défaut par le maire de leur dernière résidence.

Art. 13.

Les candidats qui désirent prendre part aux subventions de l'État doivent en faire la déclaration par écrit à la préfecture de leur département. Cette déclaration doit être accompagnée d'une demande au Ministre. La demande est communiquée par le préfet au conseil municipal du domicile du candidat ou de sa famille, à l'effet, par ce conseil, de constater leur insuffisance de fortune.

La délibération motivée du conseil municipal, avec les pièces justificatives à l'appui, est transmise au Ministre par le préfet, qui y joint son avis personnel.

Art. 14.

Chaque année, le Ministre arrête, après avoir consulté le directeur de l'École, l'époque de l'ouverture du concours d'admission. Il fixe également le terme de rigueur avant lequel les candidats doivent se faire inscrire au secrétariat de l'École pour prendre part au concours et celui avant lequel doivent lui être adressées les demandes de subvention. L'arrêté du Ministre est rendu public avant le 1er avril, par la voie du *Moniteur*.

Art. 15.

Après la clôture du concours, le jury dresse la liste par ordre de mérite des candidats admissibles. Cette liste, après avoir été vérifiée et contrôlée par le Conseil de l'École, est adressée par le directeur au Ministre, qui arrête définitivement la liste des élèves admis.

Cette liste est publiée au *Moniteur*.

TITRE III

Personnel de l'École.

Art. 16.

L'École est administrée, sous l'autorité du Ministre de l'agriculture, du commerce et des travaux publics, par un directeur.

Le directeur est nommé par décret. sur la proposition du Ministre.

Il est choisi parmi les personnes qui font ou ont fait, à une époque quelconque, partie du *Conseil de perfectionnement de l'École.*

Art. 17.

L'autorité du directeur s'étend sur toutes les parties du service ; il assure l'exécution des règlements et des décisions du Ministre, le maintien de l'ordre et de la discipline.

Art. 18.

Un sous-directeur, qui est également nommé par décret, sur la proposition du Ministre et l'indication du directeur, surveille, sous les ordres de ce dernier, tous les détails du service.

Il remplace au besoin le directeur dans ses fonctions, en cas d'absence, de maladie ou de tout autre empêchement.

Art. 19.

Le personnel de l'enseignement se compose :

1° D'un directeur et d'un sous-directeur des études ;

2° Des professeurs pour les cours principaux des sciences industrielles, comprenant : la mécanique, l'architecture et les travaux publics, la construction et l'établissement des machines, la métallurgie, la géognosie et l'exploitation des mines, la chimie industrielle, la chimie analytique, la physique industrielle et les machines à vapeur, les chemins de fer ;

3° Des professeurs de sciences générales, comprenant : l'analyse et la mécanique générale, la géométrie descriptive, la chimie, la physique, l'hygiène et l'histoire naturelle appliquée à l'industrie, la cinématique ;

4° Du nombre de professeurs qui sera jugé nécessaire pour les leçons à faire aux élèves sur la législation dans ses rapports avec l'industrie, et sur certaines branches particulières des arts et manufactures : la céramique, la filature, etc.;

5° De maîtres de conférences, chefs de travaux, répétiteurs et préparateurs.

Des professeurs-adjoints peuvent être nommés par le Ministre, sur la proposition du directeur et après délibération du Conseil de l'École, pour les cours dé sciences industrielles.

Art. 20.

Le directeur des études s'occupe de tous les détails des travaux des élèves ; il est chargé, sous l'autorité du directeur de l'École, de veiller à l'observation des programmes d'enseignement, de suivre l'exécution des décisions qui concernent l'instruction, et d'assurer le maintien de la discipline parmi les élèves.

Il est secondé dans l'accomplissement de sa mission par le sous-directeur des études, et par des inspecteurs dont le nombre est réglé suivant les besoins du services.

Art. 21.

Le directeur des études et les professeurs des cours principaux des sciences indutrielles désignées au paragraphe 2 de l'article 19 sont nommés par décret, sur la proposition du Ministre et suivant les formes tracées par l'article 35 ci-après.

Le sous-directeur des études et les professeurs des sciences générales sont nommés par le Ministre et dans les mêmes formes.

Les autres fonctionnaires de l'enseignement sont nommés par le Ministre, sur la proposition du Conseil de l'École et l'avis du directeur.

Les inspecteurs mentionnés au dernier paragraphe de l'article précédent sont nommés par le Ministre, sur la proposition du directeur de l'École.

Les répétiteurs et les prépateurs ne sont nommés que pour un an.

Art. 22.

Le directeur et le sous-directeur des études sont choisis parmi les anciens élèves ayant obtenu le diplôme.

Art, 23.

Sont attachés à l'École :

Un agent comptable remplissant les fonctions de caissier, lequel est tenu de fournir un cautionnement ;

Un conservateur du matériel et des collections ;

Un chef du secrétariat, archiviste;
Un bibliothécaire,
Et, en outre, des employés d'administration et des agents subalternes en nombre suffisant pour les besoins du service.

Art. 24.

L'agent comptable, le conservateur du matériel et des collections, le chef du secrétariat et bibliothécaire, sont nommés par le Ministre.

Le Ministre peut déléguer au directeur la nomination des employés d'administration et des agents subalternes; mais, dans tous les cas, il en règle le nombre, les attributions et le traitement.

Art. 25.

Un médecin ordinaire et un médecin suppléant sont attachés à l'École pour donner les premiers soins aux élèves et aux employés en cas d'accidents, et constater, s'il y a lieu, l'état de santé des élèves dont l'absence est motivée par une cause de maladie.

Les médecins sont nommés par le Ministre, sur la proposition du directeur.

Art. 26.

Un règlement intérieur arrêté par le Ministre, sur la proposition du directeur, après délibération du Conseil de l'éco'e, détermine dans leurs détails les attributions et les devoirs des divers membres dont se compose le personnel de l'enseignement et des fonctionnaires principaux de l'Administration.

Art. 27.

Les fonctionnaires de l'école, y compris ceux qui sont attachés à l'enseignement, ne peuvent être révoqués que par l'autorité qui les a nommés.

Art. 28.

Les fonctionnaires et employés sont rétribués sur les fonds du budget de l'École, conformément au tableau annexé au présent règlement.

Il n'est exercé aucune retenue sur leur traitement dans le but de leur constituer une pension de retraite.

Art. 29.

Indépendamment du traitement fixe porté au tableau ci-dessus pour les professeurs des cours principaux des sciences industrielles, il peut être alloué à ces professeurs, par les décisions du ministre, au cas où les revenus de l'année excèdent le chiffre prévu au budget, des indemnités dont le montant est réglé en raison de leurs travaux.

Les décisions du Ministre sont prises sur la proposition du directeur, après avis du Conseil de l'école.

TITRE IV

Travaux et classement des Élèves.

ART. 30.

La durée du cours d'études de l'École Centrale des arts et manufactures demeure fixée à trois années.

La première année est principalement consacrée à l'étude des sciences générales et de quelques-unes de leurs applications les plus élémentaires; les deux autres à l'étude des sciences appliquées à l'industrie; pendant la deuxième et la troisième année, les élèves sont partagés pour les travaux pratiques en quatre spécialités : *constructeurs, mécaniciens, métallurgistes et chimistes*. Il continuent néanmoins à suivre tous les cours et à subir les examens correspondants.

A la fin de la troisième année, il est ouvert un concours dans chaque spécialité pour l'obtention du diplôme.

Le diplôme indique la spécialité pour laquelle l'élève a concouru.

ART. 31.

Nul ne peut être admis à passer une quatrième année à l'École que par décision spéciale du Ministre, prise sur l'avis conforme du Conseil de l'École et motivée sur une interruption de travail, résultant de maladie ou d'autre cause grave qui aurait mis l'élève dans l'impossibilité de satisfaire aux examens généraux de fin d'année.

ART. 32.

Si un élève quitte l'école dans le courant de la première année pour une cause quelconque autre que l'exclusion, il peut y être admis en subissant de nouveau les épreuves du concours; toutefois, une décision spéciale du Ministre, rendue sur l'avis du Conseil de l'École, pourra le dispenser de ces épreuves.

ART. 33.

Les élèves qui ont obtenu le certificat de capacité ont le droit de concourir une seconde fois pour le diplôme, dans l'une des cinq années qui suivront celle où ils ont obtenu ce certificat.

TITRE V

Conseil de l'École.

Art. 34.

Le Conseil de l'École se compose des professeurs des sciences industrielles désignées au § 2 de l'article 19.

Les fondateurs de l'École en sont membres de droit.

Le Conseil est présidé par un des membres désignés chaque année à l'ouverture des cours par le Ministre.

Le directeur de l'École ne fait pas partie du Conseil, mais il assiste à toutes les séances et il prend la parole toutes les fois qu'il le juge convenable.

Le sous-directeur de l'École, le directeur et le sous-directeur des études assistent également aux séances du Conseil pour y donner toutes les explications qui seraient jugées nécessaires.

Le sous-directeur des études y remplit les fonctions de secrétaire.

Art. 35.

Le Conseil de l'École prépare et étudie les mesures qui concernent la direction et l'amélioration de l'enseignement.

Il arrête chaque année, pour être soumis à l'approbation du Ministre, le programme des connaissances exigées pour l'admission à l'École, ainsi que les programmes des cours qui doivent être suivis et des travaux qui doivent être exécutés par les élèves.

Il prononce ou propose, suivant les cas, sur l'avis du directeur ou du Conseil d'ordre, les peines disciplinaires à infliger aux élèves.

Le Conseil de l'école donne son avis sur le projet de budget préparé par le directeur de l'école, ainsi que sur les dépenses éventuelles et imprévues dont la nécessité se révèle dans le courant de l'année.

Il délibère également sur les comptes de gestion que présente l'agent comptable après la clôture de chaque exercice, et sur les inventaires dressés par le conservateur du matériel.

Il dresse les listes de candidats à présenter au Ministre pour la nomination aux emplois de directeur et sous-directeur des études, de fonctionnaire de l'enseignement ou de membre du jury de concours d'admission.

Le Conseil donne son avis sur toutes les affaires qui lui sont déférées en vertu du présent règlement, ou que le directeur renvoie à son examen.

Il dresse tous les ans la liste des candidats qu'il propose d'admettre à l'École, celle des élèves admis à passer d'une division dans la division supérieure ; la liste par ordre de mérite des élèves qui ont concouru pour le diplôme d'ingénieur des arts et manufactures, et il désigne ceux auxquels il juge qu'il y a lieu d'accorder le diplôme ou le certificat de capacité.

Il délègue tous les mois un de ses membres pour faire partie du Conseil d'ordre.

Art. 36.

Le Conseil délibère en session extraordinaire, avec l'adjonction de neuf anciens membres du Conseil ou anciens élèves diplômés désignés par le Ministre sur la proposition du directeur et l'avis du Conseil de l'École;

1° Sur la liste des élèves présentés par le Conseil de l'école pour les diplômes ou les certificats de capacité;

2° Sur les changements à introduire dans le programme d'admission, dans les programmes de l'enseignement, dans les conditions du concours pour l'obtention du diplôme ou enfin dans le règlement de l'École.

3° Sur la présentation des candidats aux fonctions de professeurs compris dans les §§ 2 et 3 de l'article 19.

Les neuf membres désignés ainsi qu'il est dit au § 1er du présent article sont nommés pour six ans; ils se renouvellent par tiers; ils sont rééligibles après un intervalle d'une année.

Art. 37.

Dans tous les cas où le Conseil de l'École seul, ou avec l'adjonction des neuf membres désignés à l'article précédent, délibère sur la liste des élèves à présenter pour les diplômes ou les certificats de capacité, et sur les listes de candidats à proposer au Ministre pour les emplois mentionnés à l'article 19 ou pour le jury du concours d'admission, le directeur, le sous-directeur de l'École et le directeur des études prennent part au vote.

Art. 38.

Le Conseil de l'école, avec l'adjonction des neuf membres désignés ainsi qu'il est dit à l'article 37, remplit les fonctions de *Conseil de perfectionnement* de l'école.

Il examine, après l'achèvement des opérations du concours pour la délivrance des diplômes, quels ont été les résultats pendant l'année et quelle est la situation de l'école sous le rapport de l'enseignement et aussi sous le rapport de l'installation et de l'état du matériel; il exprime ses vœux sur toute amélioration qu'il jugerait nécessaire ou désirable.

Le résultat de ses délibérations est consigné dans un rapport annuel, qui est adressé au Ministre, par l'intermédiaire du directeur de l'école.

Le directeur et le sous-directeur de l'école et le directeur des études font partie du Conseil de perfectionnement.

Art. 39.

Le Conseil de l'École se réunit sur la convocation du directeur, qui fixe l'ordre du jour des séances.

Aucune affaire ne peut être mise en délibération en dehors de celles qui sont portées à l'ordre du jour; dans le cas, toutefois, où il s'agit d'une question qui concerne directement l'enseignement, elle peut être mise en discussion si le directeur ne s'y oppose pas.

Les délibérations du Conseil sont soumises à l'approbation du Ministre. Le directeur est chargé d'assurer l'exécution des décisions dont elles sont l'objet.

TITRE VI

Ordre et discipline.

Art. 40.

Pendant leur présence à l'école, les élèves sont spécialement surveillés par le directeur des études, le sous-directeur et les inspecteurs.

Après la clôture des travaux de l'année scolaire, le directeur des études établit pour chaque élève un bulletin résumant les notes relatives à son travail, à ses progrès et à sa conduite.

Les bulletins des notes, ainsi établis, sont adressés aux parents ou aux correspondants des élèves; une copie est adressée aux préfets et aux maires pour les élèves auxquels leur département ou leur commune accorde une allocation.

Un relevé sommaire des dits bulletins est adressé au Ministre, avec mention spéciale pour les élèves boursiers.

Art. 41.

Le Conseil d'ordre est institué pour prononcer sur les questions d'urgence concernant l'enseignement et la discipline, et sur les infractions au règlement intérieur de l'École commises par les élèves. Il avertit ou réprimande 'es élèves signalés pour la faiblesse de leurs notes.

Art. 42.

Le Conseil d'ordre se compose :
Du directeur de l'École, président;
Du sous-directeur;
Du directeur des études;
Du sous-directeur des études;

Enfin, du membre du Conseil de l'École délégué chaque mois, conformément à l'article 35.

En cas d'absence du membre délégué, et s'il y a urgence, ce membre peut être remplacé par un autre membre que désigne le directeur.

Art. 43.

Les punitions qui peuvent être infligées aux élèves sont :

1° La censure particulière prononcée par le Conseil d'ordre ;

2° La réprimande prononcée par le même Conseil avec ou sans comparution devant le Conseil de l'École ;

3° La réprimande prononcée devant le Conseil de l'École, avec ou sans la mise à l'ordre de l'École ;

4° Le renvoi de l'école prononcé par le Ministre, sur la proposition du Conseil de l'École et l'avis du directeur.

Toute réprimande prononcée par le Conseil de l'École est communiquée aux parents.

Dans les cas graves, le Conseil d'ordre peut ordonner l'exclusion provisoire d'un élève. Dans le délai de quinze jours au plus tard, le Conseil de l'École est appelé à se prononcer sur la mesure, de telle sorte que le Ministre puisse statuer lui-même, dans le plus bref délai possible.

TITRE VIII

Disposition générale.

Art. 44.

Des arrêtés du Ministre pris, suivant les cas, sur la proposition du directeur ou sur la proposition du Conseil de l'École, règlent toutes les mesures de détail nécessaires à l'exécution du présent règlement, et notamment en ce qui concerne la comptabilité de l'école, les livres et registres à tenir par l'agent comptable, la reddition des comptes, le mode de justification des payements et des recettes.

Note B.

EXTRAIT DES STATUTS

DE LA

SOCIÉTÉ CHIMIQUE DE LONDRES

La Société chimique de Londres, fondée en l'année 1841, a pour objet le développement de la Chimie et de toutes les branches de la Science s'y rattachant.

Admission et cotisation des membres sociétaires.

Les membres sociétaires sont élus au scrutin, sur la présentation de cinq ou trois parrains au moins et après examen des candidatures. Leur élection exige, pour être valable, un nombre de votants représentant la trente-deuxième partie de la Société et la majorité des trois quarts des votants.

Le nouveau sociétaire n'est admis qu'après une déclaration écrite d'observer les statuts et les diverses autres obligations de la Société.

Les Sociétaires ont le droit de présence et de vote dans toutes les Assemblées de la Société ; ils présentent et discutent les candidats, peuvent inviter deux étrangers aux séances ordinaires, etc. Ils doivent payer un droit d'admission de quatre livres sterling et une cotisation annuelle de deux livres pour les membres de Londres et d'une livre seulement pour les Sociétaires domiciliés dans les autres parties du royaume.

Cette cotisation annuelle peut être rachetée par un versement de vingt livres sterling.

Membres honoraires et étrangers.

Les membres honoraires et étrangers sont élus par la Société, sur la présentation du Conseil, et suivant les règles observées pour l'élection des Sociétaires.

Le nombre des membres honoraires et étrangers, qui sont exempts de la cotisation, ne doit pas dépasser quarante.

Membres associés.

Les membres associés doivent être présentés par le Conseil ; leur élection se fait comme celle des sociétaires ; après un stage de trois ans, ils peuvent, sur leur demande, être élus sociétaires.

Les associés qui possèdent, à part le droit de vote, tous les autres privilèges des sociétaires, doivent payer une cotisation annuelle d'une livre sterling ou bien de trente schillings, pour avoir droit au service du *Bulletin de la Société.*

Démission et radiation des Sociétaires et Associés.

Le sociétaire qui, lors de l'Assemblée générale du mois de mars, sera retard de deux ans pour le payement de sa cotisation, sera rayé de la liste des membres. Le radié, sur une demande adressée au Président et au Conseil, pourra reprendre sa place dans la Société sous condition d'acquitter ses arriérés.

Toute proposition de radiation pour une cause autre que le non-payement des cotisations, doit être faite par le Conseil. Cette proposition sera discutée en séance ordinaire et la radiation du sociétaire ou de l'associé ne sera acquise que par la majorité des trois quarts des sociétaires votants dont le nombre devra être de quarante au moins.

Élections du Président, du Bureau et du Conseil.

Le Bureau et le Conseil de la Société sont renouvelés tous les ans, dans l'Assemblée générale de mars.

Le Président de la Société, dans la seconde séance ordinaire du mois de février, fait connaître les noms des membres sociétaires proposés à l'élection pour le renouvellement du Bureau et pour le remplacement des quatre membres sortants du Conseil. Cette liste est affichée dans la salle des séances et adressée à tous les membres de la Société.

Chaque membre sociétaire a le droit de présenter des candidats ou une liste de candidats ; les noms de ces nouveaux candidats doivent être remis au secrétaire avant la deuxième séance du mois de mars pour être également affichés.

L'élection du Bureau et du Conseil est faite au scrutin de liste, sous la surveillance du Président sortant assisté de deux Scrutateurs.

Le Président de la Société peut être élu deux années de suite. En cas de vacance de la présidence, le Conseil désigne le Vice-Président chargé de remplir les fonctions de président.

Les Vice-Présidents sont au nombre de six, dont deux doivent être pris parmi les membres Conseil.

Le bureau se trouve complété par un Trésorier et par trois Secrétaires dont l'un est spécialement chargé des correspondances étrangères.

Conseil.

La direction et la gestion des affaires de la Société sont confiées à un Conseil composé du Président, des autres membres du Bureau et de douze sociétaires dont huit devront avoir leur résidence dans un rayon de vingt milles au plus autour de Londres. Les membres du Conseil sont renouvelés partiellement chaque année et sur les quatre membres sortants, trois au moins, résidant à Londres ou aux environs.

Les réunions ordinaires du Conseil auront lieu une fois par mois de novembre à juin inclus ; ses réunions extraordinaires seront provoquées par le Président, soit sur sa décision personnelle ou bien sur une demande signée par trois membres du Conseil. Tout conseiller mis directement en cause dans une question, ne peut intervenir en aucune façon dans la discussion et le vote.

Le Président est chargé de présenter à l'Assemblée générale le Rapport annuel sur l'état de situation de la Société.

Aucun changement ni aucune addition ne peuvent être apportés aux statuts, sans examen préalable et avis favorable du Conseil.

Séances ordinaires et Assemblée générale.

Les séances ordinaires de la Société ont lieu deux fois par mois, de novembre à juin inclusivement.

L'Assemblée générale annuelle est fixée au 30 mars ou à quelque autre date du même mois.

Assemblées extraordinaires.

Une Assemblée extraordinaire peut être convoquée à toute époque de l'année par le Président, sur demande écrite soit du Conseil, soit de vingt membres sociétaires. Le Président a le droit de convoquer de *son plein chef*, une assemblée extraordinaire.

Travaux originaux et Bulletin de la Société.

Tous les travaux et mémoires communiqués à la Société deviennent sa propriété, à moins de réserves expresses de la part des auteurs ; et ceux-ci, sans autorisation du Conseil, n'ont pas le droit de publier en anglais ces travaux originaux avant leur publication dans le Bulletin de la Société.

Le Bulletin de la Société paraît à des intervalles fixés par le Conseil ;

il contient les procès-verbaux des réunions ordinaires, générales et extraordinaires : les mémoires ou des extraits des travaux présentés et discutés dans le cours des séances, etc., etc.

Si quelque travail remarquable est adressé au siège de la Société durant les vacances, le Conseil peut en décider la publication dans le Bulletin, sans en attendre la présentation à la Société.

Les auteurs des travaux ou mémoires publiés dans le Bulletin de la Société auront droit à un tirage à part et gratuit de cinquante exemplaires de leur œuvre.

Les ouvrages composant la Bibliothèque de la Société sont à la disposition des membres sociétaires et associés, à moins de mesures d'exception de la part du Conseil.

Tous les actes ou autres pièces demandant l'apposition du sceau de la Société, doivent être scellés en présence du Conseil.

Note C.

EXTRAIT DES STATUTS

DE LA

SOCIÉTÉ DE CHIMIE INDUSTRIELLE

DE LIVERPOOL

(Assemblée générale du 14 juillet 1886).

Objet.

La Société de Chimie industrielle a pour objet :

α. De travailler au progrès de la Chimie appliquée dans toutes ses branches;

β. D'offrir aux membres de la Société les moyens d'échanger leurs idées sur toutes les applications de chimie industrielle ; de discuter toute question relative aux procédés pratiques de la chimie appliquée; enfin, de publier les comptes rendus de ces études et de ces discussions dans un Bulletin.

γ. D'acquérir des fonds et de pouvoir en disposer pour atteindre le but proposé, qui peut être poursuivi au besoin par tous moyens accessoires.

Direction.

La gestion générale de la Société est confiée à un Conseil composé d'un président, de douze vice-présidents, de douze membres sociétaires, d'un trésorier, d'un secrétaire, des présidents et des secrétaires-honoraires des diverses sections locales.

Un Secrétaire général exercera ses fonctions sous la surveillance du Conseil qui fixera ses appointements.

Deux censeurs ou contrôleurs, dont l'un pris en dehors du Conseil, seront élus à chaque Assemblée générale pour examiner les états de compte du Conseil; ce travail pourra être confié à l'occasion à un comptable de profession, qui sera payé par la Société.

Les fonds et les biens de la Société sont remis à la garde du Conseil qui en a la disposition et l'emploi pour les besoins ou intérêts exclusifs de la Société.

Élections.

Le bureau de la Société est élu au scrutin de liste dans l'Assemblée générale annuelle, sur une liste de présentation dressée par le Conseil.

Les membres du conseil sont nommés comme il sera dit ci-dessous.

Le président, élu pour un an, est rééligible ; en cas de non-réélection, son successeur doit être choisi parmi les membres désignés par le Conseil pour les fonctions de vice-présidents.

Quatre des douze vice-présidents doivent se retirer chaque année, suivant un roulement établi ; ils ne peuvent être, à leur sortie de fonctions, appelés à faire partie du Conseil, sauf dans certains cas prévus.

Quatre membres du Conseil, suivant un roulement établi, sont appelés à se retirer chaque année ; ils ne sont point rééligibles, de même que les vice-présidents sortants. Les membres du Conseil désignés pour les fonctions de président ou de vice-présidents ne seront pas compris parmi les membres sortants.

Le Conseil, devenu incomplet par suite des mouvements précités, devra revenir à son chiffre normal de membres par des élections complémentaires en Assemblée générale.

Deux mois au moins avant la réunion de chaque Assemblée générale, le Conseil dressera une liste des membres sortants et des nouveaux candidats. Cette liste sera adressée à tous les membres de la Société, qui ont le droit de désigner des candidats de leur choix. Toutefois, ce droit ne peut être exercé qu'aux conditions suivantes :

Les listes en opposition avec celle du Conseil doivent être signées au moins par dix membres, tous en règle avec la caisse du trésorier ; et, les candidats ne doivent pas se trouver dans les cas d'inéligibilité prévus par les statuts. Chaque sociétaire ne peut signer qu'une seule des listes susdites, qui seront adressées au secrétaire général et au siège de la Société un mois au moins avant l'époque de l'Assemblée générale.

En Assemblée générale, le vote au scrutin aura lieu sur des listes renfermées sous enveloppe ; les sociétaires absents peuvent envoyer leur vote sous pli cacheté au secrétaire général de la Société, qui après avoir donné connaissance de ces envois à la Société, les remettra aux scrutateurs.

En cas de décès ou de démission du Président, le Conseil sera appelé à élire un nouveau président, dont les fonctions dureront jusqu'à la prochaine Assemblée générale.

Il sera pourvu aux vacances pouvant se produire dans le sein du Conseil entre deux assemblées générales, par des sociétaires choisis par ledit conseil. Ces sociétaires seront portés de droit comme candidats aux élections du nouveau Conseil.

Élection et cotisation des membres de la Société.

Toute personne désirant faire partie de la Société de Chimie industrielle doit être présentée par un ou plusieurs membres titulaires. La demande, signée par le postulant et contresignée par ses parrains, est remise au secrétaire général, qui la transmet au Conseil Sur l'avis favorable de la majorité du Conseil, le candidat est déclaré dûment élu et inscrit sur le registre de la Société. Durant tout le cours de l'année, la Société reçoit des membres nouveaux, qui doivent, à leur entrée, la cotisation de l'année courante et reçoivent les numéros parus du Bulletin de la Société.

La cotisation annuelle est de vingt-cinq shillings ; elle peut être rachetée par le versement d'une somme de quinze livres sterling.

Tout membre en retard dans le payement de ses cotisations est déchu momentanément de ses droits et privilèges ; en cas de non-payement après quatre mois d'attente, il est rayé de la Société.

Les démissions ont lieu à la fin de chaque année par lettre d'avis au Secrétaire général, etc.

Réunions.

Le Conseil a des réunions périodiques pour examiner les comptes, autoriser les payements, expédier les affaires courantes, etc., etc.

Pour la réalisation progressive du but poursuivi par la Société, pour donner des conseils aux intéressés, pour examiner et discuter dans des rapports les choses nouvelles, perfectionnements, inventions, procédés et toutes autres questions du domaine des sciences chimiques industrielles, le Conseil peut instituer des commissions spéciales, dont peuvent être appelés à faire partie les membres de la Société. Toutes ces commissions spéciales, présidées par le Président de la Société assisté du Sécrétaire général, travaillent sous le contrôle du Conseil.

Aucune commission spéciale ni aucun comité de section locale ne peuvent exercer un contrôle sur les fonds de la Société qui seront répartis par le Conseil et suivant les besoins, entre toutes ces diverses commissions.

L'Assemblée générale sera annoncée par le Bulletin de la Société deux semaines au moins avant sa réunion, et l'ordre des travaux de cette Assemblée sera réglé par le conseil.

Chaque membre de la Société peut introduire dans les réunions générales et extraordinaires un visiteur qui, avec la permission du Président, peut prendre part à la discussion.

Le Conseil peut accepter les communications manuscrites et orales des personnes étrangères, etc.

Le Bulletin de la Société sera mensuel et publié sous la direction exclusive du Conseil. Il est servi à tous les membres qui ont droit à des tirages à part de leurs travaux ou mémoires, publiés dans ledit journal.

Sections locales.

Sur la demande de trente membres de la Société habitant un district particulier, le Conseil étudiera la création d'une *Section locale* dans le district susdit.

Chaque *Section locale* peut faire son règlement particulier, mais ce règlement devra être préalablement approuvé par le Conseil de la Société.

Lorsque le Conseil a décidé la création d'une Section locale et approuvé son règlement intérieur, le Président et le Secrétaire honoraire de cette nouvelle section deviennent *ex officio*, membres du Conseil de la Société.

Chaque *Section locale* est appelée à pourvoir à ses frais généraux de tout genre; toutefois, le Conseil qui recevra, le 15 juin de chaque année, un état des dépenses de ces sections, pourra leur accorder, suivant les circonstances, une subvention plus ou moins considérable sur les fonds de la Société. Les membres de ces sections locales payeront une cotisation supplémentaire de cinq shillings par an.

Tous les membres de la Société peuvent assister aux séances et prendre part aux travaux des Sections locales dont les comités ont le droit d'accepter ou de refuser la communication des mémoires présentés.

Révision des Statuts.

Tout membre du Conseil a le droit de proposer une révision partielle ou générale des Statuts; cette proposition est examinée par le Conseil, qui en saisit l'Assemblée générale, si elle est appuyée par la signature de vingt membres au moins de la Société.

Assemblées extraordinaires.

Le Président, d'accord avec le Conseil, peut provoquer la réunion d'une Assemblée extraordinaire; celle-ci peut également avoir lieu sur la demande de trente membres de la Société.

Note D.

—

EXTRAIT DES STATUTS

DE LA

SOCIÉLE CHIMIQUE DE L'ALLEMAGNE

La Société Chimique de l'Allemagne a pour but l'étude et le progrès des sciences chimiques en général. — Elle poursuit la réalisation du but proposé par les moyens suivants : réunions fréquentes; mémoires ou travaux originaux des membres; bibliothèque très riche et très complète; publication régulière d'un Bulletin.

La Société a et aura toujours son siège à Berlin; son Président doit et devra toujours avoir son domicile fixe à Berlin.

La Société se compose de :

1° Membres honoraires;
2° Membres sociétaires;
3° Membres associés;

Les *membres honoraires*, au nombre de 20, sont choisis exclusivement parmi les chimistes ou les premiers savants des pays étrangers. Ils sont élus tous les ans, dans l'Assemblée générale de décembre, sur une liste de présentation revêtue de la signature de six membres sociétaires.

Les *membres sociétaires* dont le nombre n'est point limité, sont recrutés parmi les membres associés.

Les *membres associés*, présentés par deux parrains, doivent, pour être admis, réunir les deux tiers des voix des sociétaires qui peuvent envoyer leur vote par lettre. Après un an de stage, ils sont élus sociétaires dans les mêmes conditions de vote.

La cotisation annuelle des membres *sociétaires* et *associés*, toujours payable d'avance, est de 20 marks avec une augmentation de 5 marks pour les chimistes berlinois. Un versement de 300 marks exempte de cette cotisation.

Les sociétaires seuls ont le droit de discussion dans les Assemblées générales et sont appelés aux diverses fonctions, partagées par moitié entre les chimistes berlinois et les chimistes de l'Empire.

Le bureau de la Société comprend :

1 président (non rééligible) ;
4 vice-présidents ;
2 secrétaires ;
2 secrétaires adjoints ;
1 bibliothécaire ;
1 trésorier.

Ce bureau fonctionne sous le contrôle d'un Conseil composé de 16 membres et renouvelé tous les ans en Assemblée générale. Ce Conseil, élu à la majorité relative, a le droit de convoquer des assemblées générales extraordinaires.

Les séances ordinaires de la Société ont lieu, sauf dans les mois d'août et septembre, tous les deuxièmes et quatrièmes lundis de chaque mois. Les étrangers y sont admis (le même trois fois par an au plus) sur la présentation des sociétaires.

L'assemblée générale de la Société a lieu tous les ans dans le cours du mois de décembre ; les seuls membres sociétaires y sont appelés à prendre part, sur une lettre de convocation du président.

Sur la demande de 25 membres sociétaires, le bureau doit convoquer une Assemblée générale, où la présence de 25 membres au moins suffit pour assurer la validité des mesures et des décisions prises.

Sur la demande de trois de ses membres, le Conseil se réunit extraordinairement et se trouve valablement constitué par la présence de sept membres.

Tout membre sociétaire ou associé, en retard d'une année dans le payement de sa cotisation, est radié de fait. Toute radiation pour un autre motif quelconque doit être demandée par cinq membres au moins et prononcée après enquête.

Les changements de statuts doivent être demandés par douze membres du Conseil ; leur adoption en Assemblée générale exige une majorité des

2/3 des votants. Ces propositions de changement doivent être annoncées quatre mois d'avance au moins.

La dissolution de la Société ne peut être mise en question que sur la demande de la vingtième partie de la totalité des membres sociétaires.

Cette demande, dont le Conseil doit être d'abord saisi, est portée par lui devant une Assemblée générale extraordinaire qui décide en dernier ressort, sous condition que les votants présents ou absents représentent la cinquième partie du nombre total des membres de la Société. Le vote doit réunir pour être valable, les 2/3 des voix de majorité de la susdite cinquième partie.

Si la dissolution de la Société est prononcée, l'Assemblée décidera, à la simple majorité relative, de l'emploi des fonds disponibles.

Note E.

EXTRAIT

DES RÈGLEMENT ET PROGRAMME

DE

L'ÉCOLE POLYTECHNIQUE FÉDÉRALE SUISSE

La durée de l'enseignement à l'**École de Chimie** (4e division de l'École polytechnique) est de *deux ans* au moins pour la chimie industrielle; cet enseignement porte sur les objets suivants :

Chimie inorganique;
Chimie organique;
Chimie analytique;
Exercices pratiques d'analyse,
Technologie chimique;
Exercices de technologie chimique;
Technologie mécanique et description des machines;
Cristallographie;
Minéralogie;
Géologie;
Botanique générale, agricole et industrielle;
Zoologie;
Dessin industriel.

Programme de l'Enseignement.

a. Section technique (6 semestres).

(1re année.) Mathématiques supérieures, chimie inorganique, exercices d'analyse chimique, chimie analytique, minéralogie, botanique générale.

(2e année.) Métallurgie, fabrication de produits chimiques, exercices de chimie industrielle, chimie des dérivés du benzol, physique chimique, étude générale des machines, dessin technique, botanique industrielle.

(3e année.) Matières textiles, blanchiment, teinture, matières colorantes, éclairage, fabrication de la verrerie et de la céramique, exercices de chimie analytique, exercices de chimie industrielle, détermination des minéraux, géologie générale, chimie des dérivés de la pyridine, analyse des gaz.

En outre, pendant le semestre d'été de la 1re année : Chimie organique, physique chimique, pétrographie, anatomie et physiologie de l'homme; — de la 2e année : Technologie chimique des matériaux de construction, technologie mécanique, chauffage et ventilation; — de la 3e année : Matières colorantes artificielles, industries des aliments, fabrication du papier.

Note F.

STATUTS ET PROGRAMME

DE

L'ÉCOLE MUNICIPALE DE CHIMIE INDUSTRIELLE

DE MULHOUSE (Alsace)

Le laboratoire de Chimie de l'École supérieure des sciences appliquées de Mulhouse a été fondé en 1854. Il en a été détaché en 1872, pour former une École distincte, indépendante, placée sous le haut patronage de la Société industrielle. Grâce au concours d'un certain nombre de manufacturiers, il est devenu possible de donner à cet enseignement un très grand développement, et même de lui consacrer exclusivement un nouveau bâtiment construit à cet effet en 1879.

Organisation du laboratoire.

Le laboratoire est organisé de manière à permettre à chaque manipulateur de travailler indépendamment de tous les autres et sous la direction du professeur et de ses préparateurs.

La situation exceptionnelle du laboratoire dans un centre éminemment industriel paraît l'avoir spécialement désigné pour l'étude des *matières colorantes* et de leurs applications. Il possède une salle spéciale outillée à cet effet; on y a réuni un matériel suffisant pour répéter en petit toutes les opérations du blanchiment, de l'impression et de la teinture.

La durée de l'enseignement normal est de deux années. Le semestre d'hiver commence ordinairement le 1er octobre et expire à Pâques. Le semestre d'été commence la semaine après Pâques et dure jusqu'à la mi-juillet. Des avis, insérés en temps utile dans les feuilles publiques, font connaître chaque année l'époque exacte de la rentrée.

Conditions d'admission.

Les candidats ont à produire :

1° Un certificat de naissance ou d'origine dûment légalisé ;

2° Un certificat émanant de l'établissement scolaire qu'ils ont fréquenté en dernier lieu, spécifiant les branches enseignées, les notes obtenues, ainsi que la conduite ;

3° Une demande écrite de leur main relatant leurs études antérieures, avec une déclaration des parents ou tuteurs qui les autorise à suivre l'École.

Si les parents ou tuteurs n'habitent pas la ville, ils ont à désigner comme correspondant une personne honorable domiciliée à Mulhouse.

Le candidat a en outre à justifier par un examen préalable que ses études préparatoires sont suffisantes et que son intelligence a acquis le degré de maturité nécessaire pour suivre les cours avec fruit.

Cet examen porte sur les mathématiques, la physique et les éléments de chimie, et a lieu dans la huitaine qui précède la rentrée. Les connaissances exigées sont les mêmes que pour le baccalauréat ès-sciences. Un programme spécial en donne le détail.

Enseignement théorique.

L'élève reçoit des cours de chimie générale, de chimie analytique, de chimie appliquée et de physique générale et industrielle. Les ressources qu'offre au Directeur l'appui de la Société industrielle de Mulhouse lui permettent de maintenir les leçons de chimie appliquée à la hauteur des progrès de l'Industrie.

L'enseignement théorique et pratique est efficacement secondé par des visites aux établissements industriels de Mulhouse et des environs, ainsi que de Bâle. Cette facilité gracieusement accordée par les chefs d'établissement à l'École de chimie, est un grand avantage pour les études.

Enseignement pratique.

Les élèves s'occupent au laboratoire, successivement : de la préparation des produits inorganiques ; de l'analyse qualitative et de l'analyse quantitative, y compris la volumétrie ; de la préparation de produits organiques de la série grasse et de la série aromatique, des colorants, de leurs matières premières ; de l'analyse des colorants et de l'analyse technique. Pendant le quatrième semestre, ceux qui se destinent à la carrière de la teinture, de l'impression ou du blanchiment, se livrent à une étude systématique de ces trois chapitres.

L'École possède une bibliothèque très complète, contenant les traités et publications chimiques les plus importants; elle est, pendant toute la journée, ouvertes aux élèves. *Les livres ne doivent, dans aucun cas, être emportés dans les laboratoires.*

Règles à observer.

Les élèves sont tenus de fréquenter régulièrement l'École aux heures d'ouverture, de 8 à 12 h. le matin (en été de 7 à 12 h.), et de 2 à 7 h, l'après-midi, sauf les samedis après-midi, les jours de congé, dimanches et jours fériés.

Cette exactitude est de rigueur aussi bien pour tous les cours inscrits du Plan d'études que pour les exercices pratiques. Des dispenses ne pourront être accordées que dans des cas spéciaux, réservés à l'appréciation du Conseil de surveillance.

A l'expiration de chaque semestre, les élèves sont tenus de passer une série d'épreuves roulant sur les matières qui ont fait l'objet de leurs travaux pratiques et de leurs études théoriques.

Ces examens ont lieu en présence du Conseil de surveillance. Des répétitions fréquentes ont lieu dans le courant de l'année.

Pour être admis en 2e année, il faut avoir passé avec succès l'examen final du deuxième semestre, roulant sur toutes les matières enseignées pendant la 1re année.

Les mêmes épreuves sont de rigueur pour les candidats sortant d'autres écoles et qui désirent se faire admettre dans le cours de la période scolaire.

A l'expiration du quatrième semestre, les élèves qui désirent obtenir un certificat d'études, ont à se soumettre à un examen de sortie qui embrasse tout ce qui a fait l'objet des études pendant les deux années de cours.

Les élèves sont tenus de se conformer strictement aux mesures d'ordre intérieur, détaillées dans des règlements spéciaux, affichés dans les salles et annexés au présent programme.

Rétributions

La rétribution annuelle à payer à la caisse municipale est de 800 francs (640 marks). Cette somme est payable en trois versements aux dates suivantes: 1er octobre avant la rentrée, 15 janvier, 15 mai.

Les élèves munis d'un diplôme de l'école, qui veulent continuer leurs études pratiques, sont admis à remplacer le versement trimestriel par un versement mensuel de 100 francs 80 (marks), payable d'avance. Cette disposition a été prise afin de fournir à ces élèves l'occasion de développer leurs connaissances, et de leur laisser la facilité de se retirer pendant le semestre, si leurs intérêts l'exigent.

Le laboratoire admet aussi, si la place disponible le permet, des chimistes plus âgés qui désirent en profiter pour perfectionner leurs études. Ces manipulateurs peuvent fréquenter le laboratoire et les cours comme les élèves réguliers. Ils n'ont pas à passer les examens et ne peuvent, par conséquent, avoir aucun titre à obtenir un diplôme de sortie.

La rétribution est de 100 francs 80 (marks) par mois ; ils sont soumis aux mêmes mesures réglementaires que les élèves et ne peuvent s'inscrire pour moins de 3 mois.

Les personnes étrangères à l'école et les manipulateurs libres sont admis à suivre aussi les cours moyennant une rétribution de 25 francs (20 marks) par cours et par semestre.

Outre la rétribution, toutes les personnes admises aux travaux pratiques ont à déposer une somme de 100 francs (80 mark), qui leur est restituée à leur sortie de l'école, quand ils ont réglé tous leurs comptes.

Le laboratoire fournit à chaque manipulateur :

1° Une place de travail avec armoire, qui sert pour toutes les opérations qui n'exigent pas un grand espace ou l'emploi continu de l'eau ; pour les autres travaux, il y a de grandes tables et une série de hottes vitrées ;

2° Les combustibles ;

3° Les réactifs et matières nécessaires aux préparations, excepté les sels d'argent, d'or, de platine, les dissolvants ;

4° Les supports, vases et instruments nécessaires aux manipulations, becs de gaz, fourneaux.

L'élève aura à fournir les objets détaillés dans la liste du règlement du laboratoire.

Il existe au laboratoire un magasin approvisionné en verreries et produits de toute nature, qui sont à la disposition des manipulateurs. La distribution se fait conformément à un règlement spécial. Les manipulateurs sont responsables des objets qui leur sont confiés, ainsi que des objets gâtés ou perdus par leur faute.

Le prix des objets cassés ou perdus est à rembourser à la fin de chaque semestre.

Le Président de la Société industrielle,   *Le Directeur de l'École,*
AUG. DOLLFUS.   Dr E. NOELLTING.

Approuvé, *Le Maire* ;
J. MIEG-KOECHLIN.

Liste des souscripteurs pour le nouveau laboratoire de l'École de Mulhouse.

(Les Frais d'établissement avaient été évalués à 175,000 francs.)

MM. d'Andiran et Wegelin, à Mulhouse.			1.000 fr.
Mme Léon Baumgartner, à Lœrrach			3.000 »
MM. Eugène Bœringer, à Mulhouse			1.000 »
Ernest Bourry, à Dornach			500 »
Charles Bruchet, à Mulhouse			500 »
Clément Courtois, à Mulhouse.			1.000 »
Deschamps frères, à Vieux-Jeand'Heurs (Meuse)			250 »
Dollfus-Mieg et Cie, à Mulhouse			6.000 »
Eugène Dollfus, à Mulhouse.			5.000 »
Gaspard Dollfus-Dettwiller, à Mulhouse			500 »
Jules Dollfus, à Mulhouse.			3.000 »
Fabriques de produits chimiques, à Thann			2.000 »
Filature de Malmerspach.			1.500 »
Favre frères, à Mulhouse.			1.000 »
Eugène Favre, à Lœrrach.			2.000 »
Pétrus Fayolle, à Mulhouse.			1.000 »
Charles Gerhaut, à Mulhouse			1.000 »
Dr Goppelsrœder, à Mulhouse.			1.000 »
Émile Guimet, à Lyon			500 »
Édouard Hœffely, à Mulhouse.			10.000 »
Fritz Hœffely, à Mulhouse.			500 »
Albert Heilmann, à Mulhouse.			500 »
J. Heilmann et Cie, à Mulhouse			500 »
Albert Huebner, à Moscou			3.000 »
Société Albert Huebner, à Moscou	Roubles	1.000	
MM. Cordillot, à Moscou	»	112	
A. Loutreuil, à Moscou.	»	200	
Reisser, à Moscou	»	25	
Ernest Schlumberger, à Moscou	»	200	9.011 50
D. Sifferlin, à Moscou	»	200	
E. Sifferlin, à Moscou	»	100	
Tatarinoff, à Moscou.	»	50	
Société Tretiakoff, à Moscou.	»	500	
Société Em. Zuendel, à Moscou	»	1.000	
MM. Frères Kœchlin, à Mulhouse.			2.000 »
Kullmann et Cie, à Mulhouse			500 »
Auguste Lalance, à Mulhouse			3.000 »

Lantz frères, à Mulhouse.	1.000	»
J. Mantz-Bloch, à Mulhouse.	400	»
Ch. Mertzdorff, à Vieux-Thann.	3.000	»
Ch. Mertzdorff et Cⁱᵉ, à Vieux-Thann.	2.000	»
J. Mieg-Kœchlin, à Mulhouse.	1.000	»
Müller-Schulz, à Dornach.	300	»
A. Poirrier, à Saint-Denis.	2.000	»
J. Reber, à Rouen.	100	»
Rœssler, à Dornach.	300	»
Gustave Schæffer, à Pfastadt.	5.000	»
Schæffer-Lalance et Cⁱᵉ, à Pfastadt.	2.000	»
Scheurer-Rott et Cⁱᵉ, à Thann.	2.000	»
J.-Alb. Schlumberger, à Mulhouse.	5.000	»
Schlumberger fils et Cⁱᵉ, à Mulhouse.	5.000	»
Léonard Schwartz, à Mulhouse.	1.000	»
Speckel-Dietz, à Illzach.	500	»
Solvay et Cⁱᵉ, à Varangéville (Meurthe-et-Mosell).	500	»
Georges Steinbach, à Mulhouse.	20.000	»
H. Thierry-Kœchlin, à Paris.	500	»
Tournier et Cⁱᵉ, à Mulhouse.	1.250	»
Ed. Vaucher et Cⁱᵉ, à Mulhouse.	2.000	»
Weiss-Fries et Cⁱᵉ, à Kingershgeim.	1.000	»
Zuber-Rieder et Cⁱᵉ, à l'Ile-Napoléon.	2.000	»
Ernest Zuber, à l'Ile-Napoléon.	1.000	»
Zurcher frères, à Cernay.	300	»
	120.911 50	

M. Albert Huebner, de Moscou, a fait don du calorifère de l'École, dont le coût s'est élevé à environ 10,000 francs; MM. Durand et Huguenin ont donné une balance de précision; M. Albert Scheurer des instruments d'optique et un exemplaire du traité d'impression de Persoz; MM. Pierron et Dehaître une essoreuse; MM. L. Cassella et Cᵉ, un autoclave; enfin un très grand nombre de fabriques ont envoyé de belles collections de leurs produits.

Paris. — Soc. d'imp. PAUL DUPONT. (Cl.) 72.2.92.

www.ingramcontent.com/pod-product-compliance
Ingram Content Group UK Ltd.
Pitfield, Milton Keynes, MK11 3LW, UK
UKHW020953120726
13693UKWH00004B/1678